W0069136

HARALD LESCH

FRIEDEMANN SCHRENK

ÜBER DIE EVOLUTION DES LEBENS, DER PFLANZEN UND TIERE

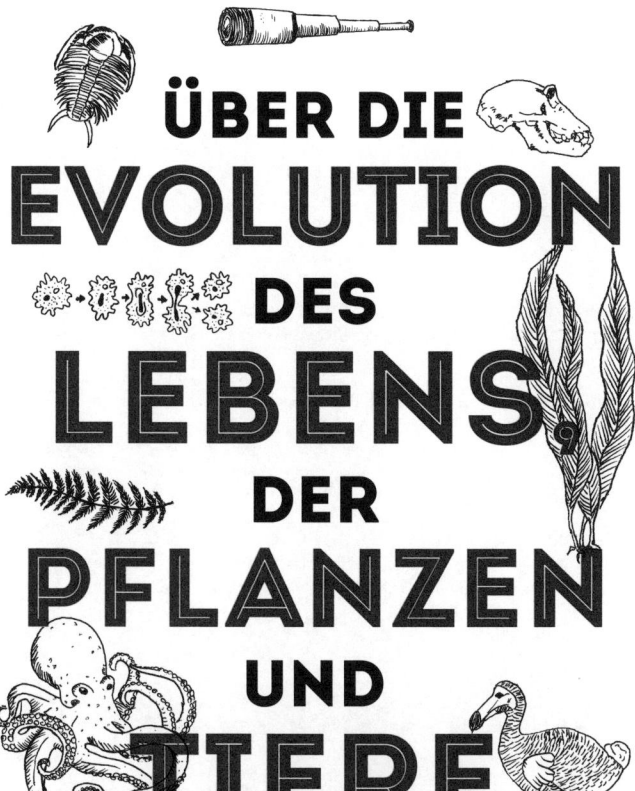

HARALD LESCH
FRIEDEMANN SCHRENK

ÜBER DIE
EVOLUTION DES
LEBENS,
DER
PFLANZEN
UND
TIERE

mvgverlag

Bibliografische Information der Deutschen Nationalbibliothek
Die Deutsche Nationalbibliothek verzeichnet diese Publikation in der
Deutschen Nationalbibliografie. Detaillierte bibliografische Daten
sind im Internet über http://d-nb.de abrufbar.

Für Fragen und Anregungen:
info@mvg-verlag.de

Originalausgabe
1. Auflage 2019
© 2019 by mvg Verlag, ein Imprint der Münchner Verlagsgruppe GmbH
Nymphenburger Straße 86
D-80636 München
Tel.: 089 651285-0
Fax: 089 652096

Dieser Titel erschien erstmals 2010 als Hörbuch im Galila Verlag unter
dem Titel *Über die Evolution des Lebens, der Pflanzen & Tiere*.

Redaktion: Sybille Beck
Umschlaggestaltung und -abbildung: Laura Osswald
Layout und Satz: inpunkt[w]o, Haiger (www.inpunktwo.de)
Druck: Livonia Print, Riga
Printed in Latvia

ISBN Print 978-3-7474-0007-4
ISBN E-Book (PDF) 978-3-96121-331-3
ISBN E-Book (EPUB, Mobi) 978-3-96121-332-0

Weitere Informationen zum Verlag finden Sie unter

www.mvg-verlag.de

Beachten Sie auch unsere weiteren Verlage unter www.m-vg.de

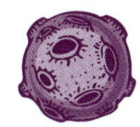

Inhalt

Vorab:
Es wird ein bisschen
schwierig werden

Also, mit anderen Worten, es wird nicht einfach: Denn ich müsste eigentlich vieles gleichzeitig erzählen. Nur können Sie nicht vieles gleichzeitig lesen. Aber ich müsste vieles gleichzeitig erzählen, da sich vieles gleichzeitig abspielen wird. Das ist eigentlich wie ein riesiges Theater oder wie ein Wimmelbild. Da tut sich hier was und da was und dann hängt alles auch noch miteinander zusammen und das eine beeinflusst das andere. Also, es wird nicht einfach werden. Ich will Sie nur schon mal darauf vorbereiten: Aber vielleicht haben Sie ja mein anderes Buch *Über Gott, den Urknall und den Anfang des Lebens* gelesen. Dann wissen Sie ja ungefähr, wie ich arbeite, und wenn nicht, dann erzähle ich es Ihnen jetzt noch mal. Nur ganz kurz.

Also, Sie sind da als Kohlenstoffeinheit, als Biochemie mit Überbau. Sie sind da. Ich bin ja auch da. Und Sie sind deswegen da, weil es eine Welt gibt, in der sich Dinge abgespielt haben, die sich nach wie vor – ich will mal ganz vorsichtig sein – durchaus in weiten Zügen rekonstruieren lassen, aber sich doch nicht so richtig beweisen lassen. Und das ist das Problem. Ich weiß, Sie verlangen natürlich von der Wissenschaft Beweise, Beweise, Beweise. Und was wir Ihnen liefern können, sind immer nur Indizien, Indizien, Indizien. Und dann auch nur Rekonstruktionen. Womit ich schon beim Thema bin: Es geht um die Evolution des Lebens. Wie ist es auf diesem Planeten überhaupt dazu gekommen, dass heutzutage ebensolche Kohlenstoffeinheiten wie Sie und ich existieren und dass wir uns Gedanken darüber machen können, wie mal alles angefangen hat?

Evolution oder Schöpfung?

Wie konnte das denn kommen? War das ein Fehler? Oder ein Ausrutscher? Sind wir nur die Montagsproduktion? Oder war das alles von Anfang an in der Materie angelegt? Offenbar gibt es ja die Möglichkeit, dass Materie über sich selbst nachdenken kann. Ich hoffe, Sie tun das gerade. Ich will Sie nur schon mal so langsam einnorden in eine Gedankenwelt, die man normalerweise für den Alltag gar nicht braucht.

Es geht darum, wie die Welt ist. Wir finden eine Welt vor, die offenbar geprägt ist von lauter Erfolgsrezepten. Wo auch immer wir hinschauen, alles funktioniert tadellos, perfekt. Die Lebewesen sind in ihren Organismen derartig ineinander und miteinander verwoben, dass man sich natürlich die Frage stellen könnte: Ist das alles

Zufall? Oder ist hier jemand am Werk gewesen, der das Ganze erst angesetzt und eingesetzt hat? Also, kurzum: Evolution oder Schöpfung? Oder gehört Evolution etwa zur Schöpfung dazu beziehungsweise ist »Schöpfung« nur ein anderes Wort für Evolution? Machen wir uns folgendes Bild: Schauen wir uns um, schauen wir uns ganz einfach nur um. Wir sehen ein einfaches Lebewesen. Schauen uns selbst an. Wir sind doch alle irgendwo Egomanen. Also, schauen wir uns doch selbst an. Schauen Sie doch einfach mal auf den Zeigefinger Ihrer linken Hand. Jetzt stellen Sie sich für einen winzigen Moment vor, Sie schneiden sich in diesen Zeigefinger. Wie das so ist beim Zwiebelschneiden. Zack! Sie beschädigen sich also selbst. Das sollen Sie jetzt nicht tun. Sie bleiben jetzt schön hier und lesen weiter. Aber stellen Sie sich vor, Sie beschädigen sich, und dann können Sie praktisch an sich selbst beobachten, wie Sie sich selbst reparieren. Aber nicht, weil Sie das wollen, sondern weil es einfach so abläuft. Es funktioniert einfach. Bei dieser kleinen Wunde in Ihrem linken Zeigefinger können Sie also schon sehen, dass es offenbar Prozesse gibt, die in organischer Materie ablaufen, deren Ziel es ist, einen Zustand wiederherzustellen, der vorher schon gut war. Also nicht: Früher war alles besser. Aber früher waren offenbar Prozesse schon sehr gut, und die laufen nach wie vor in uns ab. Das ist nur ein winziges Beispiel. Sie kennen da natürlich viele, viele andere, wie das Leben auf diesem Planeten miteinander und ineinander zusammenhängt. Wie es verwoben und vernetzt ist. Was ist da passiert? Machen wir uns also folgendes Bild: Wie kommt ein Pfeil in das Schwarze einer Zielscheibe? Ganz einfach. Jemand hat ihn hineingeschossen. Genau mitten rein. Ein Meister, der/eine Meisterin, die schon seit vielen Jahren immer wieder aufs Neue geübt hat, diesen Pfeil in das Schwarze hineinzuschießen. Und jetzt wollen wir das mal vergleichen: Wir sehen also um uns herum nur lauter Pfeile im Schwarzen der Zielscheibe, und zwar im Zentrum des Schwarzen, also mittendrin. Ich weiß nicht, ob Sie den Film *Robin Hood* kennen mit Kevin Costner. Dem gelingt es ja – wahrscheinlich nur im Film –, einen Pfeil in einen anderen Pfeil hineinzuschießen. Also, tiefer ins Schwarze geht es nicht mehr und genauso funktionieren auch Lebewesen. Das sind absolut perfekte Organismen. Also kommen wir zurück zu unserem Bild. Wir haben es offenbar mit jemandem zu tun, wenn wir diesem Bild glauben, der hier mit unglaublicher Perfektion einen Pfeil nach dem anderen exakt in die Mitte des Schwarzen einer Zielscheibe hineingeschossen hat. Dazu bedarf es natürlich wahnsinnig viel Übung. Und wenn man das Bild so nähme, müsste man natürlich vermuten, dass es jemanden geben müsse, der das Bogenschießen perfekt, und zwar wirklich 100-prozentig genau beherrscht.

Wie ist die andere Variante? Die will ich Ihnen jetzt erzählen. Die andere Variante ist ganz anders. Die ist komplett anders. Da brauchen Sie noch fünf Sekunden dafür, dass Sie da auch mitgehen. Weg von einem Meister, der das alles gewollt hat, hin zu einem völlig regellosen Bogenschützen, der irgendwohin Pfeile schießt. Und die Pfeile landen einfach irgendwo und dann, ja, dann malt man eben genau um die Pfeile herum mit dem Stift eine Zielscheibe. Und die, die danach kommen, die haben natürlich das Gefühl: Junge, Junge, der hat ja überall genau ins Schwarze getroffen! Weil sie ja nicht wissen, dass die Zielscheibe erst nach dem Pfeil gekommen ist. Was das mit Evolution zu tun hat, das kann ich Ihnen sagen. Die Evolution zieht gewissermaßen um jeden Versuch eines Lebewesens herum eine Zielscheibe. Und zwar, indem sie die Anpassung dieses Lebewesens an die Umwelt misst. Je besser ein Lebewesen an die Umwelt angepasst ist, umso genauer ist der Pfeil in der Mitte der Zielscheibe. Also, die Zielscheibe entsteht durch die Anpassung des Lebewesens an die Umwelt. Und je besser sie gelingt, umso genauer und perfekter sieht das dann aus. Das ist Evolution. Evolutionstheorie kann erklären, warum Dinge nicht funktionieren. Warum es keine fliegenden Elefanten gibt, zum Beispiel. Wenn es die mal gab, dann waren sie eben sehr schwer und sind abgestürzt. Konnten sich nicht vermehren. Das ist zum Beispiel eine typische evolutionäre Erklärung. Das Dumme an der Evolutionstheorie ist (und da bin ich natürlich bei meinem Satz »Ich verlange von der Wissenschaft Erklärungen«), dass die Evolutionstheorie immer nur im Nachhinein, also postfaktisch, erklären kann, warum etwas funktioniert hat beziehungsweise nicht funktioniert hat. Sie hat kein Prognosepotenzial. Es gibt ja viele physikalische Theorien. Da wurden Vorhersagen gemacht und zu diesen Vorhersagen wurden Tests gemacht. Also Beobachtungen, Experimente. Und wenn sich die Vorhersagen dann einstellten, dann wusste man: Hey, die Theorie kann nicht völlig falsch sein. Aber bei der Evolutionstheorie ist es eben ganz anders. Aber weil sie ein ungeheures Erklärungspotenzial hat, ist sie die Standardtheorie für alles, was mit Leben auf unserem Planeten zu tun hat. Und unter uns gesagt: Man kann sie auch noch dazu verwenden, die ganze kosmische Evolution zu erklären, aber das nur am Rande. So weit, so gut. Die Evolutionstheorie wird uns also nie mit 100-prozentiger Sicherheit sagen können, was passieren wird. Das kann sie gar nicht. Aber sie kann im Nachhinein plausibel machen, warum die Dinge so gelaufen sind, wie sie gelaufen sind.

Die Planeten

Wie ist es denn nun gelaufen damals? War ja keiner dabei. Das ist natürlich das große Problem, dass niemand dabei gewesen ist. Und deswegen auch mein vorheriger Satz mit den Indizien. Wir haben ja noch nicht einmal eine richtige Leiche. Also wenn man das mal in einen Kriminalfall übersetzen würde. Wir haben es mit einer total veränderten Situation zu tun. Damals, vor 4,57 Milliarden Jahren. Ja, ja, ja, das ist schon lange her, ich weiß. Damals ist es passiert. Und zwar im Sonnensystem. Das Sonnensystem hatte sich schon vorher gebildet. Also nicht ganz, aber doch fast. Ich weiß nicht, ob Sie es wissen, aber Sonnensysteme gehören zu Sonnen. Also Systeme um Sterne herum. Die Sonne ist ja auch nur ein Stern. Und diese Systeme bilden sich, weil Gaswolken unter ihrem Eigengewicht zusammenbrechen. Und weil die meisten Gaswolken sich immer ein bisschen drehen, bilden sich eben um die Sterne herum dann auch Gasscheiben. Wir wissen ja, dass alle Planeten unseres Sonnensystems mehr oder weniger in einer Scheibe liegen. Auch heute noch. Auch wenn unlängst der Zwergplanet Pluto ausgeschieden ist aus der Mannschaft der Planeten. Planeten bilden sich in Scheiben. So. Jetzt haben wir im Sonnensystem zwei Arten von Planeten. Neben der Sonne, die aber kein Planet ist, sondern der Stern in der Mitte, bilden sich Felsenplaneten aus, die sogenannten erdähnlichen Planeten, die Sie alle kennen. Na, denken Sie mal nach. Wie heißt der innerste? Ja, Merkur, stimmt. Dann kommt Venus, korrekt. Dann kommen wir. Unser Planet heißt in diesem Teil der Welt ja Erde. Dann kommt Mars. Und dann? Ja, dann kommt eine Trümmerwüste. Dann kommt ein Trümmerring. Der war auch nie ein Planet übrigens. Dann kommt Jupiter, ein Riesenplanet. Der ist doppelt so schwer wie alle anderen Planeten zusammen und ist fünfmal so weit von der Sonne weg wie die Erde. Fünfmal so weit. Dann kommt Saturn, der Herr der Ringe. Den kennen Sie natürlich auch. Dann Uranus, der Gekippte. Dessen Rotationsachse ist genau 90 Grad zu fast allen anderen gekippt. Und dann draußen Neptun. Früher kam ja dann noch Pluto. Den hat man ja inzwischen zum Zwergplaneten erklärt. Na gut. Also kommen wir zu den Felsenplaneten. Denn nur auf solchen Planeten gehen wir davon aus, dass es Leben gibt. Dann komme ich nämlich zu dem Punkt zurück, den ich schon einmal erzählt habe. Wenn Sie mein anderes Buch *Über Gott, den Urknall und den Anfang des Lebens* noch nicht gelesen haben, dann kann ich Ihnen kurz sagen: Wir gehen davon aus, dass Lebewesen grundsätzlich alle so sind wie wir. Jetzt nicht insgesamt. Sondern wie wir aus Kohlenstoff bestehen. Kohlenstoff, Stickstoff, Sauerstoff und Wasserstoff. Und wenn wir das ganz ernst nehmen, muss auch noch ein bisschen Schwefel dabei sein und Phosphor. Und Eisen kann auch nicht schaden und ein bisschen Jod kann helfen. Kalzium ist auch nicht übel. Aber dann haben wir es schon fast. Fluor noch für die Zähne. Aber dann sind wir schon ziemlich gut ausgerüstet. Dann haben wir schon praktisch alle atomaren Baustoffe zusammen, die ein Lebewesen so braucht. Also für diese Art von Kohlenstoffleben. Diese Haltung, die ich da gerade präge, nennt man übrigens Kohlenstoffchauvinismus. Sie wissen ja, Chauvinismus ist der Glaube an die Überlegenheit der eigenen Gruppe. Da sind wir Physiker nicht ganz unbetroffen davon. Und wir sind deswegen der Meinung, dass jedes Lebewesen aus Kohlenstoff bestehen muss, weil Kohlenstoff Bindungsfähigkeiten hat wie kein anderes chemisches Element, also lange Kettenmoleküle bauen kann. Kurzum, Kohlenstoff zusammen mit Wasser, das wird schon irgendwie klappen. Dann könnte es lebendig werden. Also können wir um jeden Stern herum eine sogenannte bewohnbare Zone definieren. Bin ich zu nah an einem Stern dran, ist es zu heiß für Wasser. Bin ich zu weit weg, ist es zu kalt, also für flüssiges Wasser. Also gibt es eine sogenannte habitable, also bewohnbare, Zone. Und welche Eigenschaften soll ein Planet haben? Oder muss ein Planet haben, um solche Kohlenstoffeinheiten zu erzeugen? Er darf nicht zu klein sein. Wenn er nämlich zu klein ist, kann er nichts halten, er ist inkontinent. Er kann nämlich seine Atmosphäre nicht halten. Denn die Atmosphäre eines Planeten hängt durchaus damit zusammen, wie schwer er ist. Seine Schwer-

kraft hält das Luftmeer fest. Ich weiß nicht, ob
Sie es wissen, aber Sie sind ja ein Meereslebewe-
sen. Wussten Sie gar nicht? Ist aber so. Sie leben
auf dem Boden eines Luftmeeres. Also, der Planet darf nicht zu klein sein. Er darf aber auch
nicht zu groß sein. Denn wenn er zu groß ist, ist
der Druck so hoch, dass die Moleküle zerquetscht werden. Also, auf einem Planeten wie
Jupiter könnten Sie nicht leben. Der hat 317 Erdmassen. Da ist der Druck auf der Oberfläche —
wenn er denn überhaupt eine hat, denn er hat ja
so einen Felsenkern innen drin – so gewaltig, da
werden alle Moleküle zerquetscht. Der Planet
darf also nicht zu groß sein, er darf nicht zu klein
sein. Er muss sich schnell genug drehen, denn
wenn er zu langsam ist, wird die eine Seite ge-
röstet, während die andere erfriert. Also kurzum,
man kann innerhalb einer habitablen Zone noch
sagen, wie ein Planet aussehen muss, damit Leben auf ihm entstehen kann. Sie werden es nicht
glauben, er muss ungefähr so sein wie die Erde,
na klar. So ähnlich. Also um den Faktor zwei
schwerer oder den Faktor drei, aber auch nicht
zu schwer, und so weiter. Gut, ja. Also, es geht
um die Entstehung von Felsenplaneten. Wie entstehen denn Felsenplaneten? Glauben Sie bloß

nicht, dass die Erde schon von Anfang an so gewesen ist. Dann denken wir jetzt einmal evolutionär. Zum evolutionären Begriff gehört nämlich die Frage »Wie sind die Dinge entstanden?«. Die waren nicht schon da, sondern die sind geworden. Und wie entstehen komplexere Dinge? Na, die entstehen natürlich aus einfachen Bausteinen. Also etwas Großes, Schwieriges muss irgendwie mal angefangen haben als etwas Kleines, Einfaches. Oder die Zusammensetzung von vielen kleinen, einfachen Teilen zu etwas großem Komplizierten. Da kann man die Entstehung eines Felsenplaneten praktisch vor seinem geistigen Auge ablaufen lassen. Also das beginnt alles damit, dass in dieser ursprünglichen Gas-Staub-Scheibe um den Stern herum, der ja noch gar nicht angefangen hat, richtig zu strahlen, Staubteilchen miteinander zusammenstoßen. Manche von ihnen sind positiv und negativ elektrisch geladen, und deswegen bleiben sie aneinander hängen. Und dann wird der Staub größer, der Staub wächst langsam an, zu etwas, das vielleicht so groß ist wie ein Fußball. Diese Fußbälle donnern dann aufeinander. Und dann sind noch viele kleine Tennisbälle aus Staub dabei, sodass diese Fußbälle langsam anwachsen können, immer weiter anwachsen können und wachsen und wachsen und wachsen. Und das ist ja ganz wichtig, weil: Hier kommt natürlich irgendwann einmal die Gravitation ins Spiel. Die Gravitation ist ja eine nicht abschirmbare Kraft. Ein schwerer Körper zieht ganz automatisch Material aus seiner Umgebung zu sich heran. So entstehen ja auch die Planeten. Denn die Planeten sind ja insgesamt viel leichter als die Sonne. Die Sonne hat 300 000 Erdmassen. Und sie ist die dominante Schwerkraft-Quelle. Deswegen bleiben die Planeten in ihrer Nähe. Aber die sind ja noch gar nicht gebildet. Entschuldigung. Also, es bilden sich große Brocken aus und die ziehen immer mehr und mehr Material an. Werden deswegen immer größer und größer. Und jetzt gibt es ein kleines wissenschaftliches Problem. Wenn ich das kurz erwähnen darf. Da haben Sie bestimmt noch gar nicht dran gedacht. Wenn diese Brocken ungefähr so groß sind wie ein Einfamilienhaus und dann mit hohen Geschwindigkeiten aufeinanderstoßen, was glauben Sie, was dann passiert? Ja, dann gehen die Brocken kaputt. Das ist natürlich dumm. Ich meine, wenn die kaputtgehen, dann müssen sie ja wieder von vorne anfangen. Und dann müssten sie ja irgendwann wieder so groß werden wie ein Einfamilienhaus und dann gehen sie wieder kaputt. Es gibt in der Wissenschaft heute das ungeklärte Einfamilienhaus-Problem. Also jetzt nicht für die Wissenschaftlerinnen und Wissenschaftler, sondern bei der Entstehung von Planeten. Wie schaffen es diese ganz kleinen Brocken (ein Einfamilienhaus ist relativ klein im Vergleich zum Planeten), diese Grenze zu überschreiten? Wie geht das? Wenn die nachher einen Kilometer oder zwei Kilometer groß sind, so groß wie eine Innenstadt zum Beispiel, dann sind die so groß, dass sie immer weiter und weiter Material ansammeln. Und dann wachsen sie und wachsen und wachsen und wachsen. Und die Bewegungsenergie der Einschläge wird in Wärmeenergie verwandelt, das heißt, diese Riesenbrocken, die sind dann Glut, flüssig, rot strahlende Felsbrocken, die sich da um die sich noch gerade bildende Sonne herumbewegen. Sie können sich das so richtig vorstellen, wie da Brocken für Brocken einschlägt und das Material erglüht. Und es fließt und fließt, wird immer größer. Ja, so ist die Erde entstanden.

Genau. Woher wir das wissen? Wir brauchen nur einfach mal in den Himmel zu schauen. Da haben wir einen Begleiter, der sagt uns, wie die Dinge damals gewesen sind. Genau, der Mond.

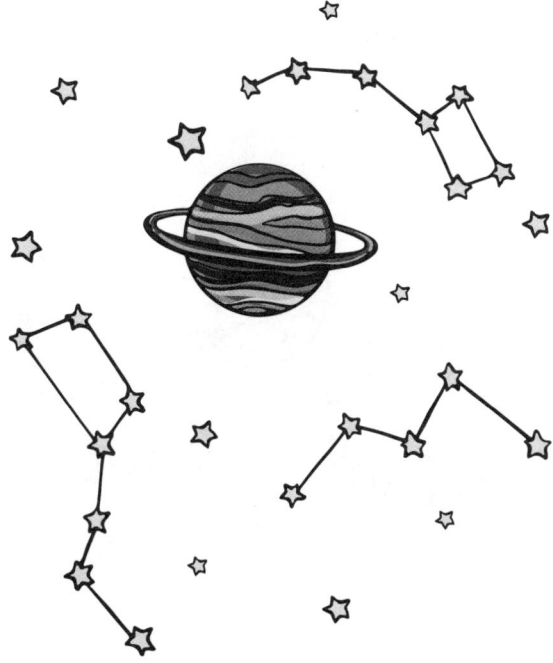

Der Mond und die Erde

In einem Abstand von etwas mehr als einer Lichtsekunde, nämlich in knapp 400 000 Kilometern Entfernung, gibt es den Mond. Und an dessen Oberfläche können Sie genau sehen, wie es damals gewesen ist. Es war eben nicht alles besser früher. So sieht es nämlich aus. Also, ganz früher. Es war ziemlich katastrophal. Das war eine einzige Einschlagerei. Das kann man an der Oberfläche des Mondes sehr genau sehen. Sie wissen ja, die Amerikaner waren auf dem Mond und haben von dort 400 Kilogramm Gestein mitgebracht. Und aus den Analysen des Mondgesteins kann man Folgendes herausfinden: Es gab zwei Phasen bei der Entstehung von Kratern auf dem Mond. Und eine Phase war wahrscheinlich knapp 500 Millionen Jahre, nachdem der Mond entstanden war. Da hat es noch mal richtig granatenhart eingeschlagen. Da muss es eine Phase gegeben haben von wahrscheinlich ein paar Millionen Jahren, wo große Brocken auf die Mondoberfläche eingedonnert sind. Und dann werden sie natürlich auch auf der Urerde eingeschlagen haben. Ganz klar. Das sogenannte Spätbombardement war das. Aber zu dem Zeitpunkt war ja eigentlich schon alles gelaufen. Da waren ja die Planeten schon da. Und der Mond war auch schon da. Der Mond ist übrigens entstanden aus einem Einschlag auf die Urerde von einem Körper, der ungefähr 20 Prozent der Erdmasse hatte. Ja, der doppelt so schwer war wie der Mars. Und fast die gleiche Zusammensetzung hatte wie die Erde. Das wird wahrscheinlich ein Doppelplanet gewesen sein. Aber das nur am Rande. Wichtig ist: Wir haben also direkte Hinweise und Indizien aus der Zeit, als das Sonnensystem noch sehr jung war, dass Einschläge der Normalfall waren. Dass sich Felsenplaneten aus Staubpartikeln gebildet haben, die angewachsen sind. Die irgendwie diese Eigenheimgrenze überwunden haben und dann zu echten Riesenbrocken angewachsen sind. Nur, auch hier kann man übrigens wieder sagen, dass es ein Erfolgsrezept für die Stabilität von Planetenbahnen gibt. Wenn Sie mal eben für einen winzigen Moment zurückdenken. Ich meine, 4,56 Milliarden Jahre zurück. Das ist ja ewig her. Und jedes Jahr dreht sich die Erde irgendwie um die Sonne rum. Schon immer, offenbar. Wie sie das gemacht hat? Tja, gute Frage. Aber wenn sie das tatsächlich schon seit 4,56 Milliarden Jahren tut, und das sind ja unglaubliche Zeitenstrecken, die wir hier vor uns haben, dann konnte sie das nur tun, weil sie keine besonders perverse Bahn hatte. Also, die Bahn war ziemlich kreisförmig. Nicht ganz kreisförmig, stimmt. Aber ziemlich kreisförmig. Wie überhaupt die Bahnen der Planeten zwar nicht ganz, aber doch ziemlich kreisförmig sind. Und das könnte auch das Erfolgsrezept sein, dass auf einem Planeten Dinge passieren wie zum Beispiel die Entstehung von Leben. Er wird in Ruhe gelassen. Er kommt eben dem Stern nicht immer wieder so nah, dass es zu heiß wird. Oder er verschwindet so weit von dem Stern, dass es zu kalt wird.

Sondern er hat immer moderate klimatische Be-
dingungen. So kann das passieren. Nun ja, als
die Erde dann gebildet war, mit ihrem Mond,
dann sind natürlich da auch noch Sachen passiert. Jetzt ist eine interessante Frage, ich hatte
sie ja schon mal zwischendurch angesprochen:
Kann die Urerde Wasser gehabt haben? Ist ganz
interessant. In der bewohnbaren, sogenannten
habitablen Zone, also in der Entfernung
vom Stern, wo Wasser flüssig wäre, können sich nur Planeten bilden, die gar
kein Wasser haben. Denn zum Zeitpunkt der Planetenbildung ist es in der
Gasscheibe thermodynamisch gesprochen so schlecht, dass da überhaupt
kein Wasser bleiben kann. Der Druck ist
so gering, dass Wassermoleküle sofort
verdampfen. Außerdem ist es viel zu heiß.
Und wenn der Stern dann anfängt zu strahlen, dann zerschlägt seine Strahlung auch noch
die Wassermoleküle. Ja, ja, das ist interessant. Es
ist nichts zu machen. In der habitablen Zone
können keine Planeten mit Wasser entstehen. Ja,
wo hat die Erde denn dann ihr Wasser her? Gute
Frage. Nächste Frage, würde ich fast sagen. Also,
die Erde muss ihr Wasser von Einschlägern be-

kommen haben. Das ist natürlich jetzt immer die Rettung für alle Rekonstruktionsverfahren. Ach, im Zweifel ist es von außen gekommen. Horch, was kommt von draußen rein?! Ich möchte Ihnen aber schon erzählen, wie das Wasser auf die Erde gekommen ist. Wie können wir überhaupt irgendwas rekonstruieren? Und zwar so sicher rekonstruieren, wie wir meinen, diesen Sachverhalt rekonstruiert zu haben? Na, wir benutzen etwas, das nicht altert. Und was altert nicht? Atome. Ja, und um präzise zu sein: Atomkerne. Und zwar Atomkerne einer bestimmten Anzahl von Neutronen. Die sogenannte Isotopenanalyse macht es uns möglich, das Wasser, das wir heute auf der Erde haben, zum Beispiel mit dem Wasser zu vergleichen, das es in Meteoriten gibt. Das es in Kometen gibt. Das es auf anderen Planeten gibt und so weiter. Und was kommt dabei raus? Tatatataa, das Wasser auf der Erde stammt von kohligen Chondriten. Das haben Sie schon gewusst? Ach so, schade. Aber was Sie vielleicht nicht wissen, ist, dass kohlige Chondrite diejenigen Objekte oder die Meteoriten sind, die zu den ältesten im Sonnensystem gehören. Und diese kohligen Chondrite gibt es praktisch überall im Sonnensystem. Und so gab es sie auch einmal im Bereich zwischen Jupiter und Mars. Und wenn man mal so rekonstruiert, das macht man heutzutage mit Computerrechnungen, dann stellt man fest, so drei, vier große Einschläge haben gereicht, um die Erde mit flüssigem Wasser zu versorgen. Stopp! Stimmt gar nicht! Nicht mit flüssigem Wasser. Nein. Es war Wasserdampf damals noch. Na, die Urerde war ja noch glutflüssig. Da haben Sie gar nicht dran gedacht? Stimmt. Also ich habe nicht dran gedacht. Das war ja noch glutflüssig. Das war ja Wasserdampf. Die Erde war also praktisch umgeben von einem einzigen Wasserdampfdunst. Das müssen Sie sich mal vorstellen: Die Erde war so ein rot glühender Planet. Und an der Oberfläche, umgeben von einer Wasserdampfatmosphäre, was ist denn da passiert? Vulkane natürlich. Die Poren der Haut der Erde sind ja noch offen. Das Zeug spritzt da raus. Magma wird zu Lavaströmen und so weiter. Und im Inneren der Erde spielen sich Dinge ab, die kann man heute auch noch nicht genau betrachten. Heute sieht man nur den Aufbau der Erde. Wie ist der Aufbau der Erde heute? Machen wir es kurz: Es gibt einen festen

Kern innen. Um den festen Kern gibt es einen flüssigen Kern. Dann kommt der Erdmantel und außen ist die Erdkruste. Das ist das Material, auf dem wir stehen. Und im Inneren der Erde spielen sich auch heute noch sogenannte Konvektionsbewegungen ab. Das heißt, das heiße Material steigt nach oben. Offenbar gibt es einen Ofen in der Erde. Es steigt nach oben, kühlt sich dort oben ab und fällt wieder nach unten. Und diese Rollenbewegung führt dazu, dass sich an der Oberfläche der Erde die Kontinentalplatten immer irgendwohin schieben. Wir haben sogar Risse in der Erdoberfläche, an denen man sehen kann, wie die ozeanische Kruste aus der Oberfläche der Erde herausdringt und die Kontinentalplatten auseinanderzwingt. Gucken Sie einfach nur Ihren Fingernagel an. Die Kontinentalplatten bewegen sich mit der gleichen Geschwindigkeit, mit der Ihre und meine Fingernägel wachsen. Also, zum Beispiel Amerika entfernt sich von Europa mit dieser Geschwindigkeit. Oder Afrika bewegt sich auf Europa zu. Kaufen Sie also lieber keine Finka auf Mallorca, denn auf lange Sicht ist das keine gute Immobilie. Das Mittelmeer wird zugeschoben, das Wasser verdunstet. Dann ist die Sache gelaufen. Diese ganzen Prozesse, die sehen wir heute. Weil wir sie so genau messen können. Früher muss es noch viel schlimmer gewesen sein, weil der Glutofen Erde noch sehr heiß war. Und gleichzeitig haben sich im Inneren, aufgrund der enormen Hitze, die Dinge überhaupt erst voneinander getrennt. Die schweren Elemente nämlich, Eisen und Nickel, sind in den Erdkern hineingewandert. Und die leichteren Elemente haben sich um diesen festen Erdkern herum gebildet. Und jedes Mal, wenn der flüssige Erdkern an dem festen Erdkern auskondensiert, wird Energie frei. Können Sie sich merken. Die Erde ist in ihrem Innern quasi so heiß wie die Sonne an ihrer Oberfläche. Jawohl. Das ist doch schon mal was. Also, zwischen 5000 und 6000 Grad Celsius. Ganz ordentlich. Und diese Bewegungen im Innern, die führten nun im Laufe der 4,56 Milliarden Jahre dazu, dass die Oberfläche sich weiter verändert hat. Also dass die Kontinentalplatten sich verändern. Aber auch, und das werden wir noch behandeln müssen, dass die Atmosphäre sich verändert hat. Denn natürlich gast so ein Körper aus. Wie soll ich sagen? Das sind planetare Flatulenzen. Denn als sich diese Gesteine und Gesteinsströme im Innern voneinander trennten, wurden dabei natürlich Gase freigesetzt. Kohlendioxid, Methan, Stickstoff und so weiter. Und da die Erde eben doch eine ordentliche Masse hat, immerhin nämlich eine Erdmasse, ist sie in der Lage, ihre Atmosphäre zu halten. (Also, ich weiß nicht, ob Sie es wissen, aber die Sonne hat etwa 300 000 Erdmassen, also sie ist viel, viel schwerer als die Erde. Und wenn Sie sich noch daran erinnern: Jupiter hat 317 Erdmassen.) Die Atmosphäre der Erde ist also nicht verschwunden. Und das Ganze eben auch noch vermengt mit dem Wasserdampf, der von außen eingetragen worden ist durch die Einschläge. Und jetzt kommen wir ganz langsam, aber sicher, in den Bereich, wo wir überlegen müssen: Wie ist denn das mit der Erde gewesen? Wir haben es also jetzt mit einem Planeten zu tun, der geprägt war von einer sehr warmen Oberfläche. Von einer Wasserdampfatmosphäre mit ordentlich viel innerem Feuer. So.

Die Atmosphäre der Erde

Und nun? Ja, dann kam es dazu, dass die Erde sich einfach immer weiter abkühlte. Die Oberfläche kühlte sich ab. Und wenn es kühler wird, dann wird auch der Wasserdampf immer kühler und es fing an zu – genau: zu regnen. Es hat geschüttet wie aus Eimern. Man kann das ausrechnen: Also, wie lange muss der Regen gewesen sein, um die Wassermenge auf den Planeten Erde zu bringen, den wir hier heute haben? Ich kann es Ihnen sagen: 40 000 Jahre lang, 3000 Liter Wasser jeden Tag pro Quadratmeter! Und genau deshalb – Achtung Kalauer-Zone! – wissen wir eben auch nicht, wie das Leben entstanden ist, weil bei diesem Wetter schickt man ja keinen Hund vor die Tür. Stellen Sie sich das mal vor: Es gießt wie aus Eimern. Es schüttet. Es pöttet. Was ist also passiert? Das ist der Punkt, wo die Urentscheidung für diesen Planeten fällt. Es fällt nicht leicht zu verstehen, ich weiß, aber Sie werden gleich wissen, was ich meine. Die Tatsache, dass es anfing zu regnen, führte dazu, dass ein Gas aus der Atmosphäre des Planeten Erde ausgewaschen wurde, das uns heute ziemliche Probleme macht: Kohlendioxid. Ja, das löste sich in Wasser auf und wird später in die Gesteine versenkt werden. Weil es auf der Erde gegossen hat wie aus Eimern, haben wir keinen so galoppierenden Treibhauseffekt erlebt wie zum Beispiel auf der Venus. Ich möch-

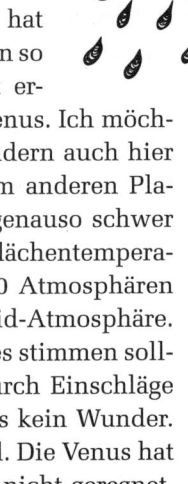

te jetzt hier nicht ablenken, sondern auch hier wieder den Vergleich mit einem anderen Planeten anstellen. Venus ist fast genauso schwer wie die Erde, aber ihre Oberflächentemperatur beträgt 450 Grad Celsius, 90 Atmosphären Druck, eine reine Kohlendioxid-Atmosphäre. Was ist da passiert? Nun, wenn es stimmen sollte, dass die Erde ihr Wasser durch Einschläge von außen bekommen hat, ist es kein Wunder. Sondern es ist eben reiner Zufall. Die Venus hat kein Wasser gekriegt. Da hat es nicht geregnet. Das Kohlendioxid ist dageblieben. Feierabend,

Ende und aus. Katastrophaler sogenannter galoppierender Treibhauseffekt. Auf der Erde ist dem nicht so gewesen. Sie wissen natürlich alle heutzutage, was der Treibhauseffekt ist. Kohlendioxid ist ein effizientes Treibhausgas. Und dass wir heute nicht so viel Kohlendioxid in der Atmosphäre haben wie in derjenigen der Venus, verdanken wir einem gewaltigen Regen. Und deswegen hat sich die Uratmosphäre, die sich ja zunächst einmal gebildet hatte, als die Erde ausgaste, zunächst einmal verändert. Und dann gab es noch den Sonnenwind, der diese Ur-Atmosphäre schon gleich weggeblasen hat. Das ging aber relativ flott. Dann gaste die Erde weiter aus. So kam der Stickstoff in die Atmosphäre, Kohlendioxid und Methan. Alle ganz wichtig. Massive Treibhausgase, die die Erde davor bewahrt haben zu vergletschern, denn die Sonne hatte ja ursprünglich nur 75 Prozent der Leuchtkraft von heute. Und wenn es da keinen massiven Treibhauseffekt auf der Erde gegeben hätte, dann wäre die Erde komplett vergletschert. Und Gletscher ist ja ungünstig. Gletscher ist ja meistens weiß. Und weiße Flächen reflektieren natürlich wie verrückt. Und dann wäre die Erde nie aufgetaut. Aber so hat uns der Treibhauseffekt vor diesem globalen Schneeball Erde gerettet. Wir haben es also damals mit einer Erde zu tun, die umgeben war von einer Atmosphäre, die ab diesem Zeitpunkt Kohlendioxid und Stickstoff enthält. Und was spielte sich an der Oberfläche ab? An der Oberfläche hatten wir Vulkanismus – wunderbar! Wir hatten Wasser. Und es bildeten sich die ersten kontinentalen Kerne. Das sind die ältesten Gesteine, die wir heute haben – so etwas mehr als 4 000 000 000 Jahre alt, während die ozeanische Kruste, die wir heute haben, höchstens 200 000 000 Jahre alt ist. Also es war ganz junges Material, frisch aus dem Erdboden gequollen, das aber eben sofort wieder unter den Kontinentalplatten verschwand. Die Kontinente wurden in der Erdgeschichte aus Einzelteilen aufgebaut. In Amerika nennt man das Patchwork-Decken. So bildeten sich Kratone aus, die Kerne der Kontinente. Und diese Kerne der Kontinente schwammen über die Oberfläche und bildeten immer mal wieder einen Superkontinent, bei dem alle Kontinentalplatten zusammenklebten. Dann trieben die tektonischen Kräfte des Erdinnern diese Kontinentalplatten wieder auseinander. Das ging so mit einem Pulsschlag von 500 000 000 Jahren.

Alle 500 000 000 Jahre hingen die Superkontinente zusammen. Dann trieb es sie wieder auseinander. Und dann trieb es sie wieder zusammen und so weiter. Die Kontinente mussten am richtigen Platz sein, damit es zum Beispiel zu Eiszeiten kam, damit es nicht zu heiß wurde. Wenn der große Superkontinent zusammenhing, dann gab es oft Trockenperioden, in denen das Leben schlagartig – also nach geologischen Maßstäben schlagartig – wieder verschwinden konnte. Aber wie gesagt: Davon hören Sie später mehr.

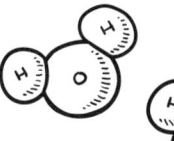
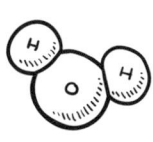
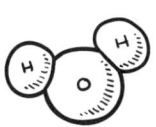

Erstes Leben auf
der Erde

Nun, was ist denn dann auf unserem Planeten passiert? Wie konnte die Transformation von anorganischer Materie zu Lebewesen vonstattengehen? Hier halte ich mich raus, würde ich fast sagen. Als Physiker sage ich einfach: Auf einem Planeten wie der Erde muss Leben entstehen. Ja, ich weiß, es ist nicht ganz fair. Aber es ist ernst gemeint. Warum entsteht Leben? Lebewesen sind thermodynamisch gesprochen Durchlauferhitzer, ganz einfach. Wir stehen ja in einem gewissen Abstand von der Sonne, 150 Millionen Kilometer. Also acht Lichtminuten. Wir haben einen wunderschönen Stern, der so im gelbgrünen Licht sein Maximum hat. Ganz prima, und dieser Stern schickt unglaubliche Mengen an Energie auf unseren Planeten. Und ein großer Teil der Energie, um nicht zu sagen: der überragende Teil der Energie, wird von diesem Planeten nachts wieder in das Universum zurückgestrahlt, deswegen gibt es uns. Ja, wir sitzen in einem Energiestrom von der Sonne auf die Erde, von der Erde in das Universum. Alles, was auf diesem Planeten passiert, ist die Verwandlung von Sonnenenergie. Das bisschen Erdenergie, das es noch gibt, das können Sie vergessen. Alles kommt letztlich von der Sonne. Das heißt also: Mit diesem überragenden Energiereservoir Sonne macht Materie etwas. Das heißt, sie macht das nicht direkt damit, sondern sie benutzt nur die Wärme der Sonne – auf den ersten Blick. Sie benutzt die Wärme, um Wasser zu erwärmen. Und im warmen Wasser können sich Moleküle von einer ganz bestimmten Sorte bilden. Diese Moleküle können zum Beispiel Enden haben, die Wasser gar nicht mögen, die sind dann hydrophob, die haben Angst vor Wasser, die drehen sich vom Wasser weg. Und es gibt andere Enden, die sind hydrophil, das sind Freunde des Wassers, die drehen sich zum Wasser hin. Und wenn sich viele Moleküle der gleichen Sorte zum Wasser hindrehen beziehungsweise vom Wasser wegdrehen, dann kriegen sie so was wie einen kleinen Grenzbereich, sie kriegen eine Grenze. Die Moleküle bilden auf einmal eine Grenze aus zwi-

schen dem Wasser und sich. So entstehen kleine
Koazervat-Bläschen und es entstehen Lipide, Fette. Auf einmal haben Sie einen Grenzbereich, der abgeschirmt ist von der Umgebung. Und in diesem Grenzbereich,
in diesem kleinen Bläschen, kann zum
Beispiel die Konzentration von Nährstoffen
ein bisschen höher sein als in der Umgebung. Und
schon haben Sie einen kleinen Unterschied, und
dieser Unterschied macht den Unterschied. Leben hat auf unserem Planeten begonnen, weil es
Naturgesetzlichkeiten gibt, die den molekularen
Aufbau mancher Stoffe bevorzugen und anderer
nicht. Dann bin ich wieder beim Anfang, nämlich
beim Kohlenstoffchauvinismus. Kohlenstoff lie-
fert solche riesengroßen Kettenmoleküle, und die
sind sogar energetisch begünstigt. Wobei man ein
bisschen aufpassen muss, denn im Wasser ist die
Zerstörung von großen Kettenmolekülen ab einer
bestimmten Wassertiefe bevorzugt. Das heißt, das
Wasser löst dann praktisch alles auf, was da ist.
Man braucht also noch eine zusätzliche Energiequelle, aber die kann ja da gewesen sein. Entweder durch Sonnenlicht oder durch die sogenannten Black-Smoker am Grunde des Ozeans oder
durch Blitze. Es gibt also genügend Energiequel-

len, die in der Lage wären, die molekulare Evolution – also, die Entwicklung von Molekülen, mit anderen Worten: die Entwicklung auf der molekularen Basis – so anzutreiben, dass eben die Moleküle übrig bleiben, die besonders günstig, also besonders erfolgreich sind. Mit anderen Worten: die sehr gut an die Umgebung angepasst sind. Auch hier schlägt der Bogenschütze schon zu: Kaum hat er ein Molekül gebaut, fängt er schon damit an, die Zielscheibe um dieses Molekül herum zu zeichnen. Auf dieser Ebene spielt sich bereits Evolution ab und diese Form von Evolution ist sogar direkt angehängt an die fundamentalen Prinzipien der Physik. Da entsteht nichts einfach so, sondern deshalb, weil dabei zum Beispiel Energie frei wird. Oder weil so viel Energie in ein System hinein geliefert wird, dass es sich auch einmal ein Molekül leisten kann, das es ohne diese äußere Energiequelle gar nicht gäbe. Und es wird noch besser: Wenn dabei zum Beispiel Müll auftaucht, dann muss dieser Müll auch aus diesem Gebiet wieder abtransportiert werden. Wir sind im Bereich der Selbstorganisation. Selbstorganisation heißt: Materie organisiert sich selbst unter dem äußeren Einfluss von Quellen, wie zum

Beispiel dem Sonnenlicht, aber auch von Ebbe und Flut. Auch das Erdinnere kann hier seinen Anteil beitragen durch radioaktiven Zerfall beziehungsweise durch Erdwärme. Und dann bekommt man etwas, das es vorher in dieser Form noch nicht gegeben hat. Nämlich vernetzte, miteinander in absolut hoch komplizierten Wechselwirkungen stehende Gebilde, die dann sogar irgendwann anfangen, sich ihre Lebensumstände selbst so zu gestalten, dass sie weiter am Leben bleiben können. Und dann kommt der Moment in der Erdgeschichte, wo etwas auftaucht, das es vorher noch nicht gegeben hat: der Wille, nicht zu sterben. Die anorganische Materie ist passiv. Wenn da etwas passiert, kann sie nichts machen. Lebewesen allerdings, und schon die allereinfachsten Lebewesen, die allerersten Zellen, haben Strategien entwickelt, sich äußeren Einflüssen, wenn nötig, zu entziehen beziehungsweise sich zu schützen. Und damit ist etwas auf dem Planeten aufgetaucht, das es vorher nicht gab. Ein Phänomen, das so gewaltig ist, dass es mich schüttelt, wenn ich nur darüber nachdenke: Leben.

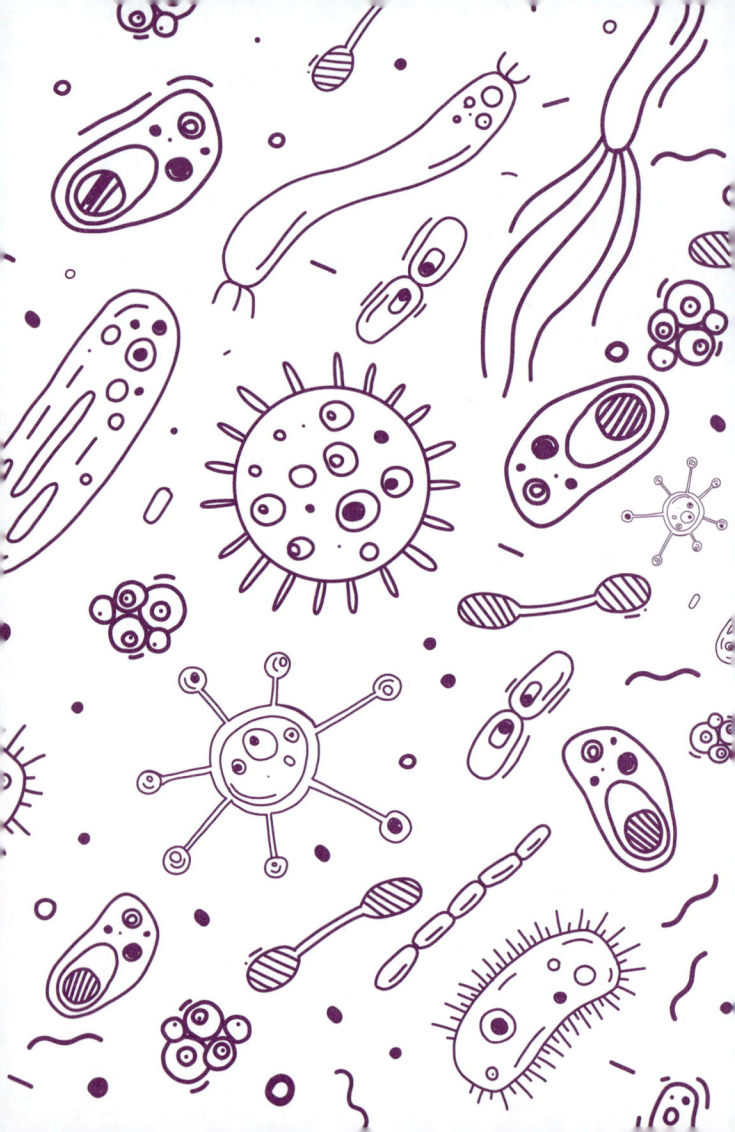

Einzeller

Ja, wie geht es dann weiter? Wir haben Fossilien, die sind 3,5 Milliarden Jahre alt. Das sind die ältesten Belege für Leben, in Gesteinen überliefert. Man findet sie zum Beispiel in Südafrika, das sind so kleine schwarze Bereiche, die sieht man erst, wenn man sie wirklich vergrößert. Das sind Cyanobakterien, also Blaualgen, wie wir sie nennen. Es sind aber nicht wirklich Algen, denn sie haben keinen Zellkern, das sieht man bei der Untersuchung, sondern es sind technisch gesehen Bakterien. Es sind Bakterien mit der Fähigkeit zur Fotosynthese. Das heißt, sie bilden Sauerstoff, und das führt dann dazu, dass sich auf der Erde Sauerstoff in der Atmosphäre anreichert. Und wir haben zum Beispiel in Südafrika Gesteine, die Eisenerzbänder enthalten. Das ist der erste Hinweis darauf, dass eine Sauerstoffproduktion stattgefunden hat. Diese ersten Fossilien waren noch keine echten Zellen, denn echte Zellen, wie wir sie heute kennen, haben ja einen Zellkern. Und die hatten noch keinen Zellkern und es kam dann zu einem gegenseitigen Auffressen verschiedener früher Bakterien ähnlicher Formen. Und zwar ist es so: Bei den Tieren haben wir ja die sogenannten Mitochondrien, also die Kraftwerke der Zellen, die eine eigene DNA haben. Also einen eigenen genetischen Code. Und dann haben wir bei den Pflanzen die Chloroplasten, kleine Teile in der Zelle, die zum Beispiel die Fotosynthese machen. Und das sind im Grunde genommen ursprünglich eigene, abgegrenzte – also mit einer Membran umgebene – Lebewesen, die dann von einer anderen Zelle umschlossen werden. Und dadurch in dieser Zelle leben. Das hat natürlich den Vorteil für diese kleinen Zellen, dass sie dann von der großen Zelle geschützt werden. Für die große Zelle hat das den Vorteil, dass sie dann ein eigenes Kraftwerk in sich trägt. Und der Zellkern entsteht dadurch, dass die Zelle wiederum ihre eigene DNA vor den Abfallprodukten dieser Kraftwerke schützen muss. Das heißt, dadurch gibt es da wieder eine Membran, und damit ist der Zellkern entstanden. Und dann haben wir vor ungefähr 1,8 Milliarden Jahren die ersten Eukaryonten. Also, die ersten echten Einzeller, die ersten einzelligen Lebewesen.

Wirbellose Tiere

Von vor 3,5 Milliarden Jahren bis vor 1,8 Milliarden Jahren – also fast zwei Milliarden Jahre – hat es gedauert, bis diese ersten echten einzelligen Lebewesen entstanden sind. Und danach wurden die Abstände immer kürzer, und am Schluss haben sich die Ereignisse dann ja förmlich überschlagen. Das sind geologische Zeiträume, in denen wir denken müssen. Das sind viele Generationen. Wir selbst können vielleicht nur zwei Generationen zurückdenken, oder drei. Hier sind es Tausende von Generationen, Millionen von Generationen, die sich alle aneinanderreihen. Und so hat es drei Milliarden Jahre gedauert, bis dann schließlich die ersten mehrzelligen Organismen entstanden sind. Das war vor ungefähr 550 Millionen Jahren. Da gibt es eine sehr schöne Fauna, wie wir das nennen. Also, eine Überlieferung verschiedener Tiere, die damals gelebt haben, die sogenannte Ediacara-

Fauna. Da gibt es Fundstellen in Südaustralien, in China, in Neufundland und in Russland. Und das sind die ältesten makroskopisch, also ohne Mikroskop, erkennbaren Fossilien. Und das sind aber Abdrücke, nur Abdrücke, denn es gab damals noch keine erhaltungsfähigen Skelette. Diese Organismen, die erinnern an Korallen, an Medusen, an Würmer. Also alles etwas, das im Wasser gelebt hat. Und wir können heute gar nicht mehr vollständig nachvollziehen, wie sie genau ausgesehen haben. Denn wir haben wirklich nur die Abdrücke der Weichkörper dieser Lebewesen. Die fossile Überlieferung wird natürlich dann besonders gut, wenn es auch Hartteile gibt. Also Schalen zum Beispiel, Skelette, später dann Knochen und Zähne. Das ist das, was eigentlich erhaltungsfähig ist, und das ist das, was auch die Mehrzahl der paläontologischen Fundstücke ausmacht in unseren Sammlungen in den Museen. Und es gab eine Zeit vor ungefähr 540 Millionen Jahren, da gab es eine regelrechte Explosion von Arten, die nennt man die kambrische Explosion. Diese Zeit heißt nämlich das Kambrium. Und dabei entstanden innerhalb kürzester Zeit – also geologisch kürzester Zeit, nämlich in 35 Millionen Jahren – fast alle Tierstämme. Davor gab es eine Phase, die man Snowballearth nennt, da war die gesamte Erde komplett vereist, selbst die Weltmeere waren zugefroren. Nach dieser Phase kam eine Warmphase. Es gab ein besseres Nährstoffangebot, die Meeresspiegel sind angestiegen und dann gab es eine Ausbreitung vor allem der wirbellosen Tiere, die im Meer gelebt haben, wie etwa Muscheln, Dreilappkrebse oder Trilobiten. Das sind alles Tiere, die dann auch Schalen hatten, und diese Schalen wurden ja gebildet. Das heißt, da musste erst einmal Kalzit zur Verfügung stehen. Das war erst möglich, nachdem sich der Sauerstoffgehalt im Meer weiter erhöht hatte. Der Stoffwechsel wurde verändert, und dadurch konnten dann erst Kalkschalen gebildet werden. Und das führte dann eigentlich dazu, dass diese Meerestiere in dieser Zeit unheimlich vielfältig wurden. Also, die kambrische Explosion bedeutet, dass eigentlich alle Tierstämme, die wir heute noch kennen, innerhalb von kürzester Zeit entstanden sind. Und natürlich war die Mehrzahl dieser Tierstämme wirbellos. Zu dieser Zeit entstanden aber auch bereits Invertebraten, also die Vorläufer der heutigen Wirbeltiere. Das sind nämlich Tiere, die gegliedert sind und die einen Rückenstrang haben, der sich später dann zur Wirbelsäule entwickelt. Das muss man sich einmal überlegen, die ältesten Vorfahren von uns Menschen entstanden auch bereits vor 550 Millionen Jahren!

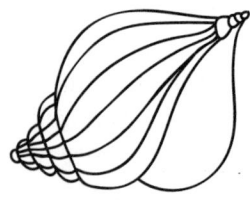

Wirbeltiere

Vor ungefähr 540 Millionen Jahren begann das Paläozoikum. Also die Altzeit in der Entwicklung der Tiere und der Pflanzen. Das dauerte dann bis vor 250 Millionen Jahren und am Anfang dieses Zeitraums befand sich das Leben eigentlich vollständig im Meer mit vielen unterschiedlichen, vor allem wirbellosen, Tieren. Aber es haben zum Beispiel auch schon Schwämme, die Riffe gebildet haben, oder auch kieferlose Fische existiert. Und dann ist das Leben vor spätestens 440 Millionen Jahren – also, 100 Millionen Jahre später dann – auch an Land gegangen. Diese erste Landinvasion, wie man das nennt, das waren Pflanzen. Aber bevor die Pflanzen an Land gingen, waren bereits Grünalgen entstanden. Aus denen entstanden dann die ersten terrestrischen Pflanzen, die Moose. Und die mussten sich natürlich schützen an Land, vor UV-Strahlung zum Beispiel. Sie entwickelten deswegen eine Wachsschicht um sich herum, eine Cuticula, wie man das nennt. Oder sie mussten sich dann natürlich auch gegen Austrocknung schützen. Das heißt also, die ganzen typischen Pflanzenformen entstanden mit der Landinvasion vor ungefähr 440 Millionen Jahren. Die ersten terrestrischen Tiere – also landlebende Tiere, die Atmungsöffnungen haben – stammen auch aus dieser Zeit des Silur, wie man das nennt. Das war eine relativ kurze Phase von vor 440 bis vor 415 Millionen Jahren, in der aber eigentlich auch schon der Beginn der späteren Insekten zu finden ist. Auch die kommen übrigens aus dem Wasser. Die Vorfahren haben ja schon als Arthropoden, wie man sie nennt, in den Meeren gelebt. Das waren zum Beispiel Trilobiten, die Dreilappkrebse. Die reichen unheimlich weit zurück und spätestens vor 450 Millionen Jahren haben sie begonnen, das Land zu besiedeln. Auch im Paläozoikum, aber etwas später, nämlich im Devon, das ist eine Phase von ungefähr vor 415 bis 350 Millionen Jahren, entstanden dann die ersten echten Insekten. Und es begann die Entwicklung hin zu den Vierbeinern. Die ersten Landwirbeltiere sind im Grunde Tiere, die als Fische gestartet

und dann an Land irgendwie als Amphibien ge-
endet sind. Und das ist eine Entwicklung, die
dauerte so ungefähr 70 Millionen Jahre. Und
wir haben heute noch lebende Fossilien, nämlich die sogenannten Quastenflosser, die es seit
dem Devon gibt. Das sind eigentlich die Vorfahren der ersten Landwirbeltiere, aber sie leben
heute noch im Indischen Ozean. Und warum
leben sie da noch? Weil sich ihr Lebensraum
nicht geändert hat, sie sind immer noch in der
Tiefsee. Ihre Abkömmlinge, die das Land be-
siedelt haben, haben sich natürlich sehr stark
geändert. Sie haben sich dann sehr schnell
aufgespalten und damit sind wir dann bei der
Entwicklung der Reptilien, der Dinosaurier, der
Vögel, die dann vor einigen Millionen Jahren
auch zum Menschen führt. Am Ende des Paläo-
zoikums, also der Altzeit der Erde, vor ungefähr 250 Millionen Jahren, fand das schlimmste
Massensterben aller Zeiten statt. Massensterben
kamen öfter vor, wir kennen mindestens fünf
Aussterbeereignisse. Aber das vor 250 Millionen Jahren, das war richtig heftig. Da sind ganze
95 Prozent aller Arten ausgestorben. Das heißt,
es gab eine unheimliche Umwälzung bei den
Tieren und Pflanzen, die damals gelebt haben.

Die zusammenhängende Landmasse war riesig, das war Pangäa, der große Kontinent, und der Meeresspiegel war am niedrigsten. Wir wissen nicht genau, warum dieses Massensterben stattgefunden hat. Schuld war entweder eine Abkühlung oder eine Erderwärmung, da können sich die Paläontologen nicht einigen. Aber Tatsache ist, dass sehr wenige von den Pflanzen und den Tieren, die bis damals existiert haben, überlebt haben. Eine der wenigen Überlebenden sind die Vorfahren der Säugetiere, zu denen wir ja auch selbst gehören.

Säugetiere

Nach dem Erdaltertum, dem Paläozoikum, kam das Erdmittelalter, das Mesozoikum. Das dauerte von vor ungefähr 250 Millionen Jahren bis vor 65 Millionen Jahren und endete mit dem Aussterben der Dinosaurier. Aber am Beginn des Mesozoikums waren bereits die Säugetiere sehr weit entwickelt, auch die Dinosaurier waren entwickelt, die Reptilien waren überhaupt schon alle da, denn deren Ursprung liegt noch im Paläozoikum. Also, vor ungefähr 300 Millionen Jahren gab es verschiedene Reptilientypen, und die unterscheiden sich hauptsächlich im Schädelbau, denn sie haben unterschiedliche Öffnungen im Schädel. Nasenöffnungen haben ja alle Vierbeiner, Augenöffnungen haben auch alle, und dann gibt es aber noch zusätzliche Schädelöffnungen, die daher kommen, dass die Kaumuskulatur sich immer weiterentwickelt, immer stärker wird, und dadurch Platz braucht.

Und das heißt, es gibt Durchbrüche im Schädel, und danach werden dann die Reptilien eingeteilt. Das sieht man bis heute: Wenn man ins Museum geht und einen Schädel sieht, in dem neben den Augen und der Nase hinten noch zwei Löcher drin sind, dann gehört der zum Beispiel einem Dinosaurier. Daran kann man das sofort erkennen, und diese Einteilung betrifft auch die Säugetiere und deren Vorfahren, da sind nämlich nicht zwei zusätzliche Öffnungen im Schädel, sondern nur eine. Und die haben alle unsere Vorfahren, 300 Millionen Jahre zurück. Und deswegen sind wir mit denen verwandt. Die Öffnung bei unserem Schädel ist übrigens die Öffnung oberhalb des Jochbogens, die kann man an der Seite fühlen. Da, wo die Kaumuskulatur durchgeht. Aber die Geschichte dieser Öffnung geht 300 Millionen Jahre zurück und unsere ersten Verwandten, von denen wir abstammen,

sind die Segelrückenechsen, Dimetrodon, die kann man sogar als Plastikfiguren kaufen. Das sind die, die so schöne Rückensegel haben. Das sind unsere ältesten Verwandten. Man liest ja manchmal, erst seien die großen Reptilien, also die Dinosaurier, ausgestorben, und dann erst hätten sich die Säugetiere entwickelt. Also, erstens waren Dinosaurier keine wirklichen Reptilien, sondern Dinosaurier, die zum Beispiel sehr schnell und sehr flink waren. Und zweitens sind die Säugetiere auch schon gleichzeitig mit den Dinosauriern entstanden. Nur waren die ersten Säugetiere sehr klein, haben im Unterholz gelebt und waren nachtaktiv. Sie haben sich versteckt. Und die Dinosaurier haben 140 Millionen Jahre lang die Welt beherrscht. Aber gleichzeitig haben die Säugetiere während dieser Zeit ihre gesamte biologische Konstruktion verbessert. Nase verbessert, Gehör verbessert, Gehirn ver-

bessert. Das hat 140 Millionen Jahre gedauert. Und als dann die Dinosaurier ausgestorben waren, dann haben natürlich die Säugetiere das Feld übernommen. Und die ersten Merkmale der Säugetiere wurden schon in Tieren vor 250 Millionen Jahren gewissermaßen erprobt. Und ganz wichtig ist hierbei das Mittelohr, denn wir hören ja eigentlich mit dem Kiefergelenk der Reptilien. Und Sie sagen jetzt, wir haben doch Gehörknöchelchen. Ja, aber diese kleinen Knochen, die bei uns Säugetieren Luftschall übertragen, gab es bei den Reptilien auch schon. Aber sie bildeten dort nicht das Mittelohr, so etwas haben die gar nicht, sondern sie waren die zwei Knochen, die am Ende des Unter- und des Oberkiefers der Reptilien saßen und das Kiefergelenk bildeten. Und jetzt stellen Sie sich ein Krokodil vor: Was macht es, wenn es mit dem Unterkiefer auf dem Boden liegt? Es hört gewissermaßen, denn es nimmt den Bodenschall auf und leitet ihn über die Unterkieferknochen weiter. Das heißt, schon bei den Reptilien wurden diese beiden Kiefergelenksknochen zum Hören benutzt. Aber dann passierten einige Entwicklungen gleichzeitig: Erstens verringerten die Säugetiere ihre Anzahl der Knochen im Unterkiefer auf einen einzigen, was natürlich zu einer höheren Stabilität führte. Sie bekamen differenzierte Zähne, um besser kauen zu können, und die Endknochen dieses Unterkiefers wurden immer kleiner. Sie übertrugen nun weiterhin Schall, aber nicht mehr niederfrequenten Bodenschall, sondern Luftschall, hochfrequenten Luftschall. Und so wurden Sie Teil des Mittelohrs. Jetzt gibt es das Kiefergelenk nicht mehr, sagen Sie. Doch, aber es entstand neu bei den Säugetieren und aus anderen Knochen als bei den Reptilien. Und das Ganze ist nun nicht etwa graue Theorie, sondern wir sehen das wunderbar an Fossilien. Diese Entwicklung hat nun ungefähr 100 Millionen Jahre gedauert, da gibt es sogar Tiere, die noch beides haben. Also das ursprüngliche Kiefergelenk der Reptilien und schon das neue Kiefergelenk der Säugetiere, beide gleichzeitig. Und auch bei uns Menschen ist es so, dass in der zehnten Schwangerschaftswoche ein primäres Kiefergelenk – also das ursprüngliche Reptilkiefergelenk – noch knorpelig ausgebildet ist, während sich das sekundäre Kiefergelenk, also unser eigentliches Kiefergelenk, im Wachstum befindet. Und bei Beuteltieren, da ist es noch spektakulärer, die werden ja schon im Alter von drei Wochen geboren und saugen anfänglich tatsächlich mit ihren Gehörknöchelchen. Selbst wir heutigen Menschen tragen also unsere Millionen Jahre alte Evolutionsgeschichte in uns. Und wir durchleben sie teilweise sogar in unserer Embryonalentwicklung.

Pflanzen

So, und jetzt fragen Sie sich bestimmt: Was ist denn eigentlich mit den Pflanzen? Also, vielleicht sollten wir uns erst einmal fragen, wie es denn eigentlich zu diesen unterschiedlichen Lebensstrategien von Tieren und Pflanzen kam. Das hat etwas mit Energiegewinnung und der unterschiedlichen Weise zu tun, wie man Baustoffe beschaffen kann. Pflanzen erhalten ihre Energie ja von der Sonne und da die überall ist, jedenfalls da, wo Pflanzen leben, brauchen sie sich nicht zu ihr hinbewegen. Pflanzen brauchen zwar Aufnahmeflächen wie Blätter, aber dafür entstehen keine Abfälle. Pflanzen brauchen natürlich auch Baustoffe, aber ihnen reichen anorganische Materialien. Und mithilfe von CO_2 und Wasser bilden sie daraus organische Bauteile. Und der Vorteil ist: Natürlich, ebenso wie Sonnenlicht, kommt auch CO_2 ganz von alleine zur Pflanze, es ist ja genügend davon in der Luft, überall. Tiere dagegen ernähren sich von Pflanzen und anderen Tieren. Sie nehmen organische Stoffe wie Proteine, Fette und Kohlenhydrate auf. Und die werden eben nicht automatisch angeliefert, sondern sie müssen gesucht und erbeutet und dann auch noch gegessen werden. Daher brauchen Tiere natürlich einen Bewegungsapparat, Muskulatur, Kauapparat, Darm und so weiter, dazu kommen Orientierungssinn, Geruchssinn, Gehörsinn, Sehsinn, Tastsinn, und sie müssen sich entgiften und Endprodukte wieder ausscheiden können. Klingt alles ziemlich kompliziert. Pflanzen hingegen benötigen natürlich weder Muskulatur noch Nervensystem noch Sinnesorgane noch Ausscheidungsorgane. Sie machen es sich irgendwie einfach, aber ehrlich gesagt machen das die Tiere auch. Denn die Nahrung, die Tiere zu sich nehmen, enthält ja schon die Grundbausteine wie Aminosäuren, Einfachzucker und so weiter. Die brauchen sie sich also nicht mehr

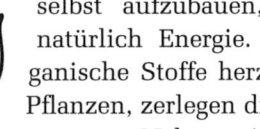

selbst aufzubauen, und das spart natürlich Energie. Also, anstatt organische Stoffe herzustellen, wie die Pflanzen, zerlegen die Tiere die aufgenommene Nahrung in ihre Bestandteile und bauen damit dann ihren eigenen Körper auf. Nun könnte man den Aufwand, den Tiere betreiben müssen, um an ihre Nahrung zu kommen, als Nachteil betrachten, aber immerhin hatte das ja einen schönen Nebeneffekt, nämlich die Entstehung ausgefeilter Sinnesorgane und eines hoch entwickelten Nervensystems. Letztendlich ist ja auch unser menschliches Gehirn eine Spätfolge der Ernährungsstrategie der Tiere. Und die Pflanzen waren natürlich auf ihre Art erfolgreich. Die ersten Landpflanzen gab es vor 430 Millionen Jahren, vor 300 Millionen Jahren entstanden große Sumpfwälder mit Samenfarnen und Mangroven. Und die finden wir heute fossil als Steinkohle. Und erst vor ungefähr 100 Millionen Jahren entstanden die ersten Blütenpflanzen, die unsere heutige Welt prägen. Wobei diese Entwicklung vor ein paar Millionen Jahren verglichen mit den 3,5 Milliarden Jahren biologischer Evolution doch eigentlich sehr spät ist.

Dinosaurier

Aber das Erdmittelalter ist ja vor allem das Zeitalter der Dinosaurier. Wir kennen heute rund 450 verschiedene Dinosauriergattungen mit ungefähr 550 Arten. Aber die sind nicht alle nur groß, wie zum Beispiel der 30 Meter lange Riese Argentinosaurus. Es gab auch ganz kleine darunter. Microraptor zum Beispiel war nur etwa 40 Zentimeter lang. Und revolutionär an den Urdinosauriern war eigentlich das Bauprinzip des Körpers. Sie hatten nämlich Beine, die gerade unter dem Körper platziert waren. Das war wirklich ein Novum in der damaligen Tierwelt. Und es gab Vierbeiner, die dadurch recht schnell sein konnten. Es gab sogar Zweibeiner, die ein Becken hatten wie Vögel. Und zweibeinige Dinosaurier konnten vermutlich ebenso schnell laufen wie heutige Straußenvögel. Also immerhin 70 Stundenkilometer. So, und wo finden wir Dinosaurier? Na ja, eigentlich überall. Von Schottland bis

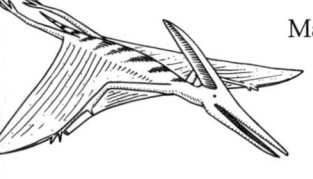

Malawi. Sie besiedelten schon den Urkontinent Pangäa. Und selbst in der Antarktis wurden Dinos gefunden. Und Sie wissen ja, die Antarktis gehörte zum ehemaligen Südkontinent Gondwana. Zusammen mit Afrika, Südamerika, Australien und Indien. Und überall dort kann man Dinosaurier finden. Und diese Kontinentverteilung, das haben wir auch schon gehört, spielte nicht nur für die Verbreitung der damaligen Tier- und Pflanzenwelt eine entscheidende Rolle, also für die biologische Evolution. Auch die Klimaverhältnisse wurden dadurch wesentlich beeinflusst. So, und gibt es heute noch Dinosaurier? Jetzt werden Sie sagen: »Das ist eine dumme Frage.« Aber es gibt sie. Ja, denn sie fliegen heute als Vögel durch die Welt. Fleischfressende Dinos aus einer Gruppe, zu der eine Gattung namens Velociraptor gehört, das sind die Vorfahren der Vögel. Und schon bei diesen Dinosauriern sind die Knochen hohl. Sie waren warmblütig und konnten ihre Hände nach unten klappen, so wie später die Vögel ihre Flügel. Und echte Flugfedern besaß bereits der Urvogel Archaeopteryx. Allerdings ist der vom Skelett her eher ein Reptil und man streitet sich eigentlich seit Jahren darüber, ob Archaeopteryx eher ein Vogel mit Zähnen oder ein Reptil mit Federn war. Und Federn sind ein anderes interessantes Thema, denn Federn gibt es heute nur noch bei den Vögeln, aber im Erdmittelalter war die Bildung von Anhängen an der Haut, also Borsten oder Federn, bei Dinosauriern eigentlich recht häufig. Und auch bei den Flugsauriern gab es übrigens Federn. Flugsaurier konnten ja schon fliegen, obwohl ihre Flügel nicht aus Federn bestanden, sondern aus Haut. Aber die generelle Entwicklung ist wohl von den Borstenfedern über Daunenfedern und dann hin zu Schwungfedern verlaufen. Und die Frage ist natürlich, wie daraus der Flug entstehen konnte. Microraptor zum Beispiel hatte asymmetrische Daunenfedern am Körper und auch am Mittelfuß. Und was schließen wir daraus? Dass der Flug eben nicht einfach durch schnelles Rennen und dann Abheben erfunden wurde, denn kein Dinosaurier mit Daunenfedern hätte einen solchen Take-off geschafft, oder?

Nein, sondern am Anfang stand das Heruntersegeln von den Bäumen. Das war der Beginn der Evolution des Vogelfluges. Obwohl die Dinosaurier über 140 Millionen Jahre hinweg so erfolgreich waren, sind sie ausgestorben. Vor 65 Millionen Jahren. Aber warum? Also, einerseits fällt auf, dass die Dinos schon viele Millionen Jahre vor ihrem eigentlichen Ende schon fast am Ende waren. Denn es gab längst nicht mehr so viele Arten wie früher. Die ursprüngliche Vielfalt war längst weg. Und dann passierte eigentlich die bekannteste und jüngste Katastrophe der Erdgeschichte, nämlich der Einschlag eines gigantischen Gesteinsasteroiden mit zehn Kilometern Durchmesser vor 65 Millionen Jahren. Und zwar im Bereich der heutigen mexikanischen Halbinsel *Yucatán*. Das eine Resultat war ein Krater mit 100 Kilometern Durchmesser. Und was viel schlimmer war: Der Einschlag schleuderte Unmengen von Staub in die Atmosphäre, der sich wie ein Mantel um die Erde legte und die Einstrahlung von Sonnenlicht jahrzehntelang verhinderte. Weltweit sank die Temperatur und die Folgen waren ein jahrhundertelanger Winter und fast überall die Unterbrechung der Nahrungsketten. Aber nicht nur die Dinos sind ausgestorben, sondern es verschwanden auch jede Menge andere Lebewesen am Ende der Kreidezeit, also am Ende des Mesozoikums. Auch im Meer zum Beispiel. Die *Ammoniten* waren Kopffüßer mit gewundenen und gekammerten Gehäusen. Die kennen Sie vielleicht. Da gab es zahlreiche Fossilienfunde, zum Beispiel auf der Schwäbischen Alb. Also, in der Kreidezeit wurden sie bis zu zwei Meter groß und keine dieser Gruppen hat das Ende des Mesozoikums überlebt. Aber dem Drama der Dinos und ihrer Zeitgenossen schloss sich dann die Erfolgsgeschichte der Säugetiere an. Sie waren zwar schon vorher entstanden, aber erst danach spalteten sie sich in viele Gruppen auf und besetzten eigentlich alle ökologischen Nischen, die zuvor eben von den Reptilien besetzt waren. Die Gewinner der Katastrophe waren also kleine Tiere mit hoher Individuenzahl, die über gute Versteckmöglichkeiten verfügten und wenig Nahrung benötigten. Oder es waren auch Tiere, die weitverbreitet und unspezialisiert waren. Die sich also auf neue Lebensbedingungen besser einstellen konnten und sich rasch und oft vermehrten. Und Pflanzen? Ja, Pflanzen waren aufgrund ihrer hohen Regenerationsfähigkeit sowieso nie so stark von Aussterbeereignissen betroffen wie Tiere. Und vielleicht waren es eben deshalb auch die Blütenpflanzen, die mit ihrer raschen Vermehrung nach der Katastrophe den Eroberungszug zu Land antraten.

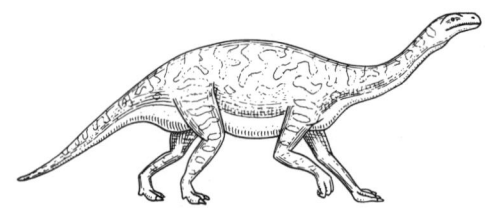

Menschenaffen

Seit 65 Millionen Jahren, also in der Erdneuzeit, entfalten sich nun endlich die Säugetiere. Also, ihre Wurzeln reichen, wie wir gehört haben, weit zurück und eigentlich waren alle modernen Gruppen, also Raubtiere, Nagetiere und so weiter schon in der Entstehung begriffen, als die Dinos noch lebten. Aber erst nach deren Aussterben konnten sie mit ihrer Entwicklung so richtig loslegen. Eine weltweit bedeutende Fundstelle aus dieser Phase der Säugetierentwicklung, also vor etwa 50 Millionen Jahren, ist die Grube Messel bei Darmstadt. Damals wuchsen am *Oberrheingraben* wie in ganz Mitteleuropa Lorbeergewächse, Magnolien, Mammutbäume und Palmen. Die fossile Flora weist also auf ein extrem warmes Klima hin. Das hat man heute eigentlich nur noch in den Tropen und in den Subtropen. Es ist also kein Wunder, dass sich damals Krokodile bei uns sehr heimisch gefühlt haben. Es gab sieben verschiedene Krokodilarten in Mitteleuropa und sogar Ameisenbären waren hier zu finden. Ja, Sie haben richtig gelesen. Ameisenbären in Hessen. Die heutigen Verwandten der Ameisenbären kommen ja ausschließlich in Südamerika vor. Aber es ist auffällig, dass die Tier- und Pflanzenwelt der Grube Messel erstaunliche Parallelen mit Nord- und Südamerika aufweist. Schlammfische und Knochenhechte sind nämlich die häufigsten Wirbeltierfossilien der Grube Messel. Und die gibt es heute noch als lebende Fossilien in Nordamerika, und auch der Laufvogel, *Diatryma*, ein Beutegreifer, ist aus Mitteleuropa und Nordamerika bekannt. So, und Sie erinnern sich natürlich: Die Kontinentalverschiebung ist an allem schuld. Haben wir schon gehört. Am Klima, natürlich auch an Erdbeben, an Gebirgsbildung und eben auch an der Ausbreitung oder manchmal auch an der Nichtausbreitung von Lebewesen. An Südamerika kann man wunderbar beobachten, was das für die Evolution bedeutet. Der Kontinent war fast 40 Millionen Jahre lang eine Insel und hat in dieser Zeit eine ganz eigene Tierwelt ausgebildet. Dort gab es weder Raub- noch Rüsseltiere und es gab keine Menschenaffen. Die waren dort nie angekommen, bevor es eine Insel wurde. Und Südamerika besaß eine gemischte Population aus

echten Säugetieren und aus Beuteltieren, die wir
heute nur noch aus Australien kennen. Und dort
entstanden Riesengürteltiere, die waren so groß
wie ein Auto und ausgestattet mit Keulen und
Stacheln. Oder Riesenfaultiere und dann flugun-
fähige Riesenkraniche, die sich räuberisch ernähr-
ten und damit übrigens die Lücke der Beutegreifer ausfüllten. Und erst vor drei Millionen Jahren
entstand dann eine Landbrücke zwischen Nordamerika und Südamerika und Opos-
sums, Gürteltiere, Riesengürteltiere,
Riesenfaultiere, Stachelschweine
et cetera zogen gen Norden. Während Waschbären, Kaninchen,
Hunde, Pferde, Berglöwen, Rehe
und so weiter gen Süden wander-
ten. Und was passierte dann mit der
eigenen Tierwelt Südamerikas? Ja,
das Opossum wurde in Nordamerika
fast zur Landplage, aber der ganze Rest
der südamerikanischen Tierwelt ging
sehr schnell sang- und klanglos unter.

»Und die Primaten, unsere eigene Gruppe?«,
fragen Sie jetzt. »Was ist mit denen?« Deren Geschichte beginnt auch bereits zur Zeit der Dino-

saurier. Also vor etwa 80 Millionen Jahren. Und vor 50 Millionen Jahren waren dann Halbaffen weitverbreitet. Aber Fossilien gibt es auch aus der bereits erwähnten Grube Messel bei Darmstadt. Und dort finden sich dann auch erste Anzeichen für die Entwicklung der späteren Altweltaffen, also der höheren Primaten, von denen wir dann abstammen. Bei Halbaffen vergrößert sich die Nase, bei Altweltaffen dagegen die Augen. Und das führt dann zu einer ganzen Reihe von Veränderungen. Nicht nur zum Beispiel zum stereoskopischen Sehen, sondern es hatte eben auch Auswirkungen auf die Art der Nahrungssuche, die Fortbewegung, ja selbst auf das Sozialverhalten und die Werkzeugbenutzung. Im frühen Miozän, also vor etwa 23 bis 16 Millionen Jahren, existierten in Ost- und in Nordafrika eine ganze Reihe verschiedener Affen- und Menschenaffenarten, und zu diesen fossilen Menschenaffenarten der Zeit gehört zum Beispiel die Gattung Proconsul. Ganz berühmt, davon wurden zahlreiche Reste sowohl des Skeletts auch des Schädels in Kenia gefunden. Und diese großen Menschenaffen wiederum gehören zu einer Gruppe, die dann von Afrika aus über eine Landverbindung vor spätestens

14 Millionen Jahren nach Europa vorgedrungen ist. Damals sind Afrika und die Iberische Halbinsel kollidiert im Sinne der Plattentektonik. Und so konnten sich diese Menschenaffen auch in Südeuropa weiterverbreiten. Und Funde in Spanien zeigen, was eigentlich den Grundplan der Menschenaffen ausmacht. Das sind nämlich starke Lendenwirbel. Und die zeigen, dass sie die Fähigkeit hatten, sich aufzurichten. Sie konnten noch nicht aufrecht gehen, aber sie hatten bereits die Fähigkeit, sich aufzurichten, woraus später dann der aufrechte Gang entstehen konnte. Sogar an deutschen Fundstellen gibt es fossile Menschenaffen. Zum Beispiel in Rheinhessen. Allerdings nur bis vor circa zehn Millionen Jahren. Dann starben die Menschenaffen in Europa aus. Wahrscheinlich aufgrund klimatischer Veränderungen. Es begann nämlich eine Abkühlungsphase, die die Vegetation und die Lebensräume Europas grundlegend veränderte, bis hin zur Eiszeit. In Afrika allerdings gab es eine Kontinuität sowohl der Lebensräume als auch der Tierwelt bis heute. Und dort ging auch die Entwicklung weiter, bis zur Entstehung des aufrecht gehenden Menschen. Und bis zum Beginn der Kultur. Doch das ist ein eigenes Buch.

Auch als **E-Book** erhältlich

80 Seiten
8,00 € (D) | 8,30 € (A)
ISBN 978-3-7474-0008-1

Harald Lesch
Über Gott, den Urknall und den Anfang des Lebens

Die ewige Suche nach Wissen und vor allem nach den Anfängen allen Seins beschäftigt auch heute noch führende Wissenschaftler und Forscher. Wann bildete sich das Universum und wann die Erde? Wie entstand Leben und warum entwickelte sich Leben überhaupt? Bedurfte es dazu eines Gottes? Diese Fragen und noch viele mehr beantwortet der bekannte Astrophysiker und ZDF-Moderator Harald Lesch eloquent und voller Witz und Charme. Die wunderbaren Illustrationen werden Sie in die Welt der Wissenschaft entführen!